Florian Stein

Handel mit Zertifikaten als Instrument der Umweltpolitik

Der EU Emissionshandel - Ausweitung, Zuteilungsregeln und Wohlfahrtswirkungen, ökologische Wirksamkeit

GRIN Verlag

Bibliografische Information der Deutschen Nationalbibliothek:

Die Deutsche Bibliothek verzeichnet diese Publikation in der Deutschen National-
bibliografie; detaillierte bibliografische Daten sind im Internet über http://dnb.d-
nb.de/ abrufbar.

Impressum:

Copyright © 2009 GRIN Verlag, Open Publishing GmbH
Druck und Bindung: Books on Demand GmbH, Norderstedt Germany
ISBN: 978-3-640-83193-7

Dieses Buch bei GRIN:

http://www.grin.com/de/e-book/166981/handel-mit-zertifikaten-als-instrument-der-
umweltpolitik

Seminararbeit zum Oberseminar

Ökologische Wirtschaftsgeographie

Am Institut für Geographie, Lehrstuhl für Geographie und Regionalforschung

Julius-Maximilians-Universität Würzburg

Im Wintersemester 2009/10

Handel mit Zertifikaten als Instrument der Umweltpolitik

Der EU Emissionshandel – Ausweitung, Zuteilungsregeln und Wohlfahrtswirkungen, ökologische Wirksamkeit

Florian Stein

Inhalt

1. Instrumente der Umweltpolitik 2

2. Funktionsweise des EU-Emissionshandelssystems 4

3. Bisherige Entwicklung des Handelssystems 7

4. Einbindung des Transportsektors in den Emissionshandel 8

5. Versteigerung oder kostenlose Zuteilung? 11

    5.1 Nachteile einer Versteigerungslösung gegenüber einer kostenlosen Zuteilung 12

    5.2 Vorteile einer Versteigerungslösung gegenüber einer kostenlosen Zuteilung 13

    5.3 Wohlfahrtsanalyse von Versteigerungslösungen 14

6. Clean Development Mechanism (CDM) 17

7. Emissionshandel & Co. 20

    7.1 Kombination von Emissionshandel und Förderung regenerativer Energien 20

    7.2 Emissionshandel und andere Instrumente der Umweltpolitik 21

8. Systematisches Versagen des Emissionshandels 22

    8.1 Emissionsreduktion innerhalb der EU 23

    8.2 Versagen des global lückenhaften Emissionshandels 24

9. Bewertung und Weiterentwicklung des Emissionshandels 26

10. Literaturverzeichnis 28

Abkürzungsverzeichnis

AAU	Assigned Amount Units		ERU	Emission Reduction Units
CDM	Clean Development Mechanism		EUA	European Union Allowances
CER	Certified Emission Reductions		JI	Joint Implementation
EE	Erneuerbare Energien		MAC	Marginal Abatement Costs
EEG	Erneuerbare Energien Gesetz		ZEW	Zentrum für Europäische Wirtschaftsforschung

1. Instrumente der Umweltpolitik

Viele Wege zur Erreichung umweltpolitischer Ziele sind denkbar. Man unterscheidet hier grob *nicht fiskalische Instrumente* (z.B. Verbote), *öffentliche Ausgaben* (z.B. Finanzierungen), *öffentliche Einnahmen* (z.B. Steuern) und *parastaatliche Instrumente* (z.B. Freiwillige Maßnahmen) (vgl. HAAS, 2007, 29). Das Verlangsamen der globalen Erwärmung auf ein „vertretbares" Maß von unter 2°C bis 2050 (vgl. SINN, 2009, 408) könnte auch durch andere Mittel als den Emissionshandel angegangen werden, doch steht dieser hier im Fokus.

Umweltpolitische Instrumente können aus verschiedenen Blickwinkeln bewertet werden. Sicherlich von besonderer Bedeutung sind *ökologische Wirksamkeit* und *ökonomische Effizienz*, weiterhin sind *politische Durchsetzbarkeit, Informationsvoraussetzungen, Praktikabilität* und *Verwaltungsaufwand* zu berücksichtigen (vgl. HAAS, 2007, 34). Ökologische Wirksamkeit meint, dass ein messbarer Effekt (bspw. Emissionsrückgang) bewirkt werden kann. Messungen von CO_2 Emissionen sind zwar möglich und bspw. für Deutschland sind in den letzten Jahren Reduktionen zu beobachten (s. Fig 1). Diese sind allerdings nicht monokausal.

Figur 1: Entwicklung der CO_2-Emissionen Deutschlands

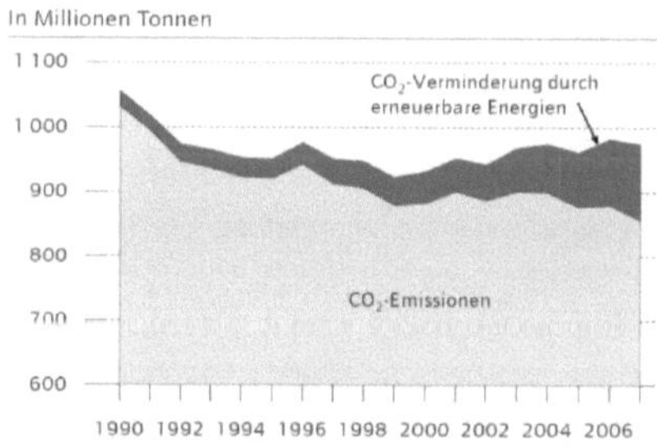

Quelle: KEMFERT, 2009, 170

Sich überlagernde Einflussfaktoren auf die Emissionen können u.a. die oft erwähnte deutsche Wiedervereinigung sein (Anlagenschließungen in den neuen Bundesländern), die recht junge Präsenz des Emissionshandels, sowie dessen Mängel, die sich in der ersten (Lern-) Phase (2005-2007) offenbart haben. Außerdem lassen sich Fortschritte beim Ausbau der Erneuerbaren Energien (EE) als auch der Einbruch der Welt- konjunktur (vgl. ABBOUD, 2009) und dessen Niederschlag in geringeren EU-Emissionen Anfang 2009 hinzuziehen. Reduktionserfolge, die speziell durch den Emissionshandel verursacht wurden, sind (noch) nicht festzustellen. Professor Sinn klärt auf, dass sich diese erst dann einstellen können, wenn aus den regionalen Handelssystem ein einziges globales System erwachsen ist (s. Punkt 8).

Um ökologische Ziele zu erreichen gelten z.B. Verbote, Verbrauchssteuern oder Subventionsabbau als sehr gut geeignet (vgl. Haas, 2007, 34f). Der Emissionshandel dagegen wird als ökonomisch sehr effizient erachtet, wenn auch nicht als der beste Weg zur Erreichung ökologischer Ziele. Jedoch muss hier in die Wechselwirkungen der globalisierten Wirtschaft mit dem globalen Problem der Treibhausgase eingegriffen werden. Bei der Größe dieser Aufgabe gewinnt wohl die ökonomische Effizienz sehr viel Gewicht neben der ökologischen Wirksamkeit.

Die EU-Kommission geht davon aus, dass durch den Emissionshandel jährliche Einsparungen von 3,9 bis 3,1 Mrd. € im Vergleich zu anderen Lösungen möglich sind (EU Kommission, 2005, 6). Ein Grund hierfür ist, dass es Emittenten frei steht, den kostengünstigsten Weg der Emissionsvermeidung selbst zu finden (vgl. KEMFERT, 2005, 1). Hierbei werden im optimalen Fall „Minderungsmaßnahmen in der Reihenfolge ihrer spezifischen CO_2-Vermeidungskosten" (MAIER, 2008, 57) durchgeführt, die günstigsten und wirksamsten Maßnahmen werden also zuerst umgesetzt. Steuern können diesen Prozess kaum induzieren, denn für nationalstaatliche Institutionen ist es beinahe unmöglich die korrekten Steuersätze zu antizipieren. Zu hohe Steuersätze können die Produktion bestimmter Güter unwirtschaftlich machen und zu geringe Steuersätze können ökologische Ziele wie eine Emissionsreduktion verfehlen (vgl. MAIER, 2008, 57).

Auch der Aspekt der politischen Durchsetzbarkeit darf nicht vernachlässigt werden, denn die Errichtung und die Weiterentwicklung des Emissionshandels spiegeln geradezu das aktuelle Spannungsfeld zwischen Ökonomie und Ökologie wieder, in dem dieser einer ernsten Bewährungsprobe unterliegt. Aktuelle Ereignisse finden sich als Belege hierfür:

- In Australien sollte ursprünglich 2009 ein Emissionshandel eingeführt werden. Die aktuelle Weltwirtschaftskrise war der Regierung jedoch Anlass, die Einführung auf voraussichtlich 2011 zu verschieben (vgl. GAMMELIN & WÄLTERLIN, 2009, 8).
- In Europa besteht Uneinigkeit über nationale Ausgaben für den Klimaschutz. Mit Blick auf die Klimakonferenz im Dezember 2009 (vgl. UN, 2009) blockiert derzeit v.a. Polen eine gemeinsame europäische Erklärung (vgl. BAUCHMÜLLER & GAMMELIN, 2009, 7).
- In den USA soll 2012 ein Emissionshandel eingeführt werden, allerdings bleibt eine endgültige politische Entscheidung im Dezember 2009 abzuwarten (vgl. KLÜVER, 2009, 7).

Mit dem Kriterium der Informationsvoraussetzungen ist gemeint, dass die Umweltrelevanz produktiven, mobilen und konsumtiven Handelns deutlich wird (vgl. HAAS, 2007, 35). Aktuell werden nicht alle CO_2-Emittenten in den Emissionshandel einbezogen. Bisher nicht regulierte Sektoren (Verkehr, Haushalte) erscheinen noch zu heterogen und schwierig zu fassen, allerdings steht die teilweise Einbindung dieser Sektoren bevor (s. Punkt 4). Bisher werden für diese Sektoren andere umweltpolitische Instrumente eingesetzt, wie bspw. die Ökosteuer oder das Erneuerbare Energien Gesetz in Deutschland.

Praktikabilität und Verwaltungsaufwand sind Kriterien, die ähnlich der ökonomischen Effizienz auf die Kosten einer Umweltmaßnahme deuten. Verschlingt das Betreiben einer Maßnahme verhältnismäßig viele Finanzmittel aus Abgaben oder Steuern, werden damit gleichzeitig wichtige Anreize zu einer Produktions-/Verhaltensänderung sowie kompensatorische Aktivitäten verhindert, die ökologischen Ziele können dessen ungeachtet erreicht werden (vgl. HAAS, 2007, 35).

2. Funktionsweise des EU-Emissionshandelssystems

Die Europäische Kommission nennt sechs Grundprinzipien, auf denen der europäische Emissionshandel beruht:

- „Es handelt sich um ein „cap and trade"-System […].
- Der Schwerpunkt liegt zu Anfang auf großen industriellen CO2-Emittenten.
- Die Umsetzung findet in Phasen mit regelmäßigen Überprüfungen statt, und es bestehen Möglichkeiten der Erweiterung auf andere Gase und Sektoren.
- Zuteilungspläne für Emissionszertifikate werden phasenweise beschlossen.
- Das System enthält wirksame Bestimmungen, um die Einhaltung sicherzustellen.
- Der Markt ist EU-weit, nutzt jedoch über die Mechanismen CDM und JI Emissionsverringerungsmöglichkeiten in der übrigen Welt, und darüber hinaus besteht die Möglichkeit, das EHS mit kompatiblen Systemen in Drittländern zu verknüpfen." (EU Kommission, 2005, 6)

Mit „cap and trade" ist gemeint, dass eine Gesamtmenge erlaubter Emissionen von der EU-Kommission für mehrjährige Perioden festgelegt wird und Abweichungen der tatsächlichen Emissionen von den Emissionsberechtigungen, die einzelnen Anlagen zugeteilt wurden, auf einem Markt gehandelt werden.

Figur 2 zeigt eine Gegenüberstellung von Anlagen, deren tatsächliche Emissionen in 2008 von den zugeteilten Emissionsberechtigungen abwichen. Besteht ein Mangel an Zertifikaten (VET>ZM), können die einzelnen Unternehmen der Branchen als Käufer auf den Markt treten und umgekehrt. Einige Branchen sind hier zweifach aufgeführt, weil einzelne Anlagen unterschiedlich hohe Emissionen erzeugen.

Figur 2: Potentielles Angebot und potentielle Nachfrage nach Emissionszertifikaten in den Branchen in 2008.

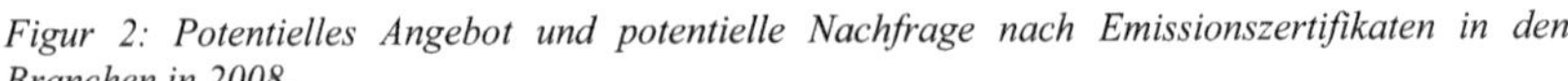

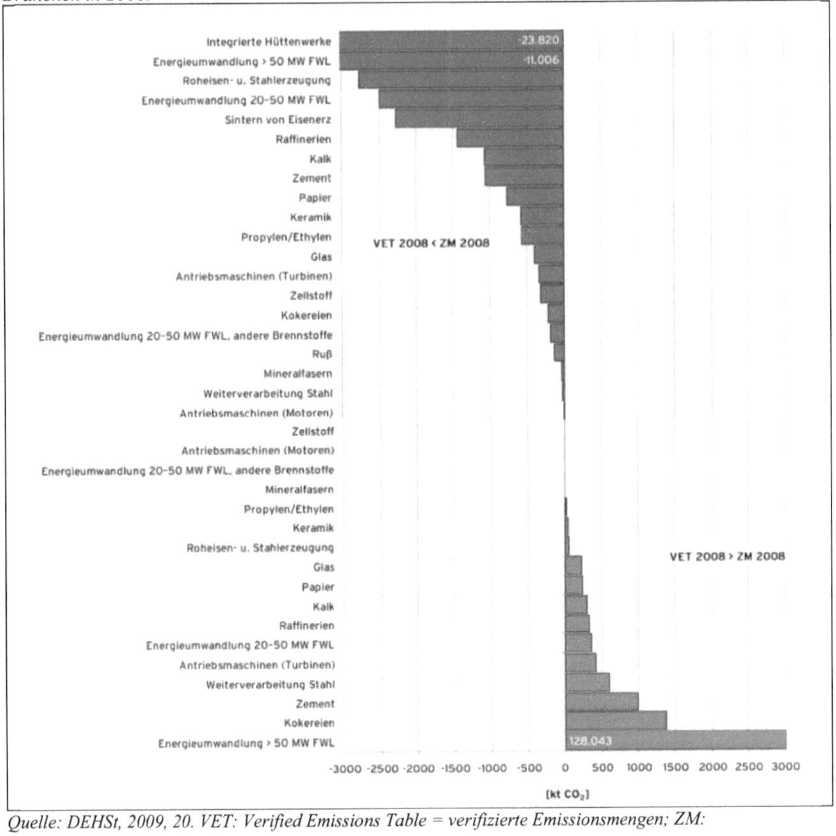

Quelle: DEHSt, 2009, 20. VET: Verified Emissions Table = verifizierte Emissionsmengen; ZM: Zuteilungsmengen

Da die erste Phase des Emissionshandels (2005-2007) eher als eine Art „Lernphase" konzipiert war (vgl. KEMFERT, 2009, 172) beschränkte man sich auf relativ wenige Großanlagen. Auch aktuell besteht weiterhin diese Zweiteilung von reguliertem Sektor (Industrieanlagen) und nicht-reguliertem Sektor (Verkehr, Haushalte). Allerdings wurden in der ersten Phase EU-weit bereits 11500 Anlagen erfasst, die „45% der CO_2-Emissionen bzw. 30% der Treibhausgase in der EU" (EU Kommission, 2005, 7) verursachten. Vorwiegend werden Anlagen der „Strom- und Wärmeerzeugung [...], Verbrennungs- anlagen, Erdölraffinerien, Koksöfen, Eisen- und Stahlwerke sowie Anlagen der Zement-, Glas-, Kalk-, Ziegel-, Keramik-, Zellstoff- und Papierindustrie" (EU-Kommission, 2005, 7) reguliert.

Nicht alle Treibhausgase wurden zu Beginn aufgenommen, lediglich das relativ leicht messbare CO_2, da es aus der Verbrennung fossiler Brennstoffe resultiert und diese vielerorts bereits steuerlich erfasst werden (vgl. KEMFERT, 2005, 4). Mit der Recheneinheit CO_2-Äquivalente können später andere Treibhausgase in das Handelssystem integriert werden. Eine Tonne Methan bspw. kommt einem Ausstoß von 23 Tonnen CO_2 gleich (HAAS, 2007, 64) und würde den Besitz von 23 statt nur einem Emissionszertifikat voraussetzen.

Die Sanktionsmechanismen des Handelssystems scheinen relativ streng ausgelegt zu sein. Liegen gegen Ende einer Handelsperiode nicht alle benötigten Zertifikate vor, so muss zum einen für jedes fehlende eine Strafzahlung von 100 Euro erfolgen und zudem die Vorlage der fehlenden Zertifikate im nächsten Jahr nachgeholt werden, zum anderen werden die sanktionierten Unternehmen öffentlich bekanntgegeben (vgl. EU Kommission, 2005, 12). Bisher kam es allerdings noch nicht zu einem Sanktionsfall (vgl. SINN, 2009, 86). Ursachen hierfür sind jedoch eher in den Anfangsproblemen der ersten Phase zu finden, als in der abschreckenden Wirkung der Sanktionen.

Clean Development Mechanism (CDM) und Joint Implementation (JI) sind Regelungen des Kyoto-Protokolls, die letztlich eine weltweite Diffusion von „grünen" Technologien bewirken sollen. Sie werden separat unter Punkt 6 behandelt.

Die Zuteilung der Zertifikate erfolgt derzeit größtenteils kostenlos (95% gratis in 2005-2007, 90% gratis in 2008-2012) (vgl. KEMFERT, 2005, 5). Künftig werden jedoch verstärkt Auktionen stattfinden – eine genauere Betrachtung der Zuteilungsverfahren erfolgt unter Punkt 5.

Zertifikate können auch mit Währungen verglichen werden, denn jedem Zertifikat steht der Wert einer Tonne CO_2 pro Handelsperiode gegenüber. Es gibt verschiedene *Zertifikatwährungen*, die zumindest im EU Emissionshandel alle im Verhältnis 1:1 getauscht werden können, jedoch aus verschiedenen Quellen stammen und bestimmten

Regelungen unterliegen. Im europäischen Emissionshandel sind die Zertifikate EUA, CER und ERU im Umlauf (s. Fig.3). EUAs sind die Standardzertifikate, die Unternehmen erhalten/ersteigern und untereinander handeln können. CERs stammen aus außereuropäischen Klimaprojekten, die unter den Clean Development Mechanism (CDM) fallen und ERUs stammen aus Joint Implemantation (JI) Projekten (EU Kommission, 2005, 17).

Figur 3: Verschiedene Zertifikatwährungen

Zertifikat	Bedeutung	Besonderheiten
EUA	European Union Allowances	Standardzertifikate der EU
CER	Certified Emission Reductions	Zertifikate aus CDM, dürfen max. 22% aller Zertifikate eines Betreibers ausmachen (DEHSt, 2008b,7); Künftige Anhebung möglich
ERU	Emission Reduction Units	Zertifikate aus JI
AAU	Assigned Amount Units	UNO Handelssystem; Nur zwischenstaatlich handelbar; Gekaufte AAUs können dann auf Industrie verteilt werden (SINN, 2009, 107)

Quelle: Eigene Zusammenstellung

3. Bisherige Entwicklung des Handelssystems

Die größte Schwierigkeit des Handelssystems ist eine angemessene Abschätzung der Emissionsobergrenze („cap"). Dies zeigte sich deutlich gegen Ende der ersten Phase (2005-2007), als die Zertifikatpreise verfielen und zahlreiche Emissionszertifikate ungenutzt übrig blieben (s. Figur 4). Neben einer Überausstattung kann allerdings auch eine übereifrige Modernisierung erfasster Anlagen (starker Nachfragerückgang) zu Beginn der ersten Periode diesen Preisverfall bewirkt haben, denn die Auswirkungen von Vermeidungstechnologien sind träge und spiegeln sich nicht sofort im Preis wieder (vgl. SINN, 2009, 97).

Figur 4: Preisentwicklung bei der European Union Allowance (EUA)

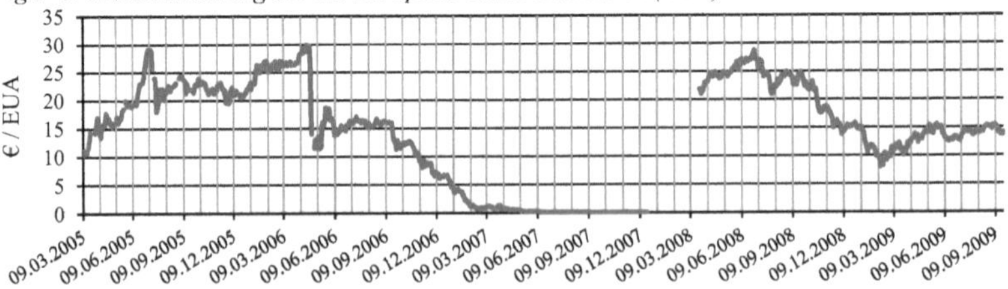

Quelle: Eigene Darstellung, Datenquelle: www.eex.com

Auch Sonderregelungen einiger EU-Staaten zur kostenlosen Verteilung von Zertifikaten führten wohl zu „unbeabsichtigten Verzerrungen" (KEMFERT, 2009, 172). Der Sprung in Figur 4 (2007-2008) kam dadurch zustande, dass Zertifikate aus der ersten Periode nicht in die zweite übertragbar waren, was jedoch in der nächsten Phase (2013-2020) möglich sein soll.

Die Bedeutung der künftigen Entwicklung der EE wurde weder in der ersten, noch in der zweiten Periode für die Berechnung des caps angemessen berücksichtigt. Dieser Effekt führt ebenfalls zu einer tendenziell zu hohen Obergrenze - oder anders ausgedrückt zu einem unterschätzten Nachfragerückgang innerhalb der Handelsperiode. Geringere Zertifikatpreise können hierfür auch ein Beleg sein. So führte der Nachfragerückgang nach Zertifikaten durch Ausbau der EE im Jahr 2005 zu einer Vergünstigung von etwa 1€ pro Zertifikat – ohne die EE wäre der Preis also ca. 1€ höher gewesen (vgl. KEMFERT, 2009, 172).

In der zweiten Phase (2008-2012) wurde die Emissionsobergrenze soweit herabgesenkt, dass manche Wissenschaftler die Zertifikat-Inflation der ersten Phase nicht wieder erwarten (vgl. KEMFERT, 2009, 172). In der ersten Periode wurde für die deutschen emissionspflichtigen Anlagen eine Gesamtmenge von jährlich ca. 495 Mio.tCO_2 (vgl. DEHSt, 2004, 4) festgelegt, wohingegen in der zweiten Phase nur noch 451,86 Mio.tCO_2 (vgl. DEHSt, 2008b, 4) emittiert werden dürfen. Diese Kürzung trifft jedoch nicht alle Unternehmen gleichmäßig – Stromproduzenten unterliegen bspw. überdurchschnittlichen Kürzungsvorgaben (vgl. DEHSt, 2008b, 17).

4. Einbindung des Transportsektors in den Emissionshandel

Die Treibhausgasemissionen des Transportsektors in der EU27 sind seit einigen Jahren gleichauf mit denen der Energiebranche und der sonstigen Industrie, nämlich jährlich über 1Mrd.tCO_2-Äquivalente (s. Figur 5). Allerdings weist die Industrie seit 1990 zumindest einen geringen Rückgang auf, während Emissionen durch den Transportsektor stetig anstiegen und 2005 ca. 32% höher lagen als noch 1990 und in 2005 ca. 23,4% der gesamten Treibhausgasemissionen ausmachten. Weitere Daten in Figur 6 verdeutlichen die Hauptemittenten auf den Verkehrsträgern (Straße, Luft, Wasser) und zeigen auch, dass der Schienenverkehr sowohl in EU27 als auch in Deutschland nur einen verschwindend kleinen Anteil zu den Emissionen beiträgt.

Figur 5: EU Treibhausgasemissionen

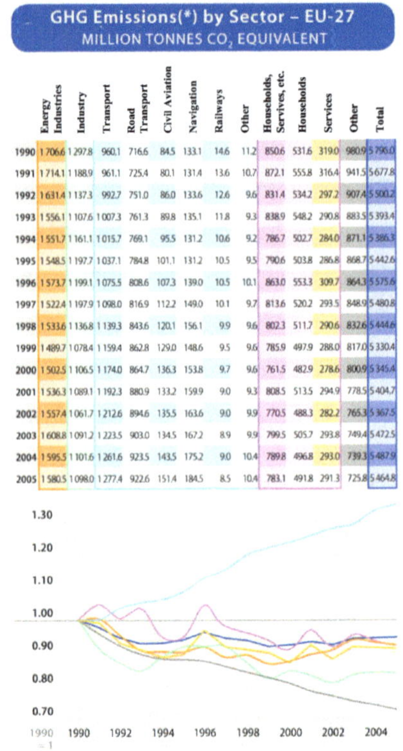

	Energy Industries	Industry	Transport	Road Transport	Civil Aviation	Navigation	Railways	Other	Households, Servives, etc.	Households	Services	Other	Total
1990	1 706.6	1 297.8	960.1	716.6	84.5	133.1	14.6	11.2	850.6	531.6	319.0	980.9	5 796.0
1991	1 714.1	1 188.9	961.1	725.4	80.1	131.4	13.6	10.7	872.1	555.8	316.4	941.5	5 677.8
1992	1 631.4	1 137.3	992.7	751.0	86.0	133.6	12.6	9.6	831.4	534.2	297.2	907.4	5 500.2
1993	1 556.1	1 107.6	1 007.3	761.3	89.8	135.1	11.8	9.3	838.9	548.2	290.8	883.5	5 393.4
1994	1 551.7	1 161.1	1 015.7	769.1	95.5	131.2	10.6	9.2	786.7	502.7	284.0	871.1	5 386.3
1995	1 548.5	1 197.7	1 037.1	784.8	101.1	131.2	10.5	9.5	790.6	503.8	286.8	868.7	5 442.6
1996	1 573.7	1 199.1	1 075.5	808.6	107.3	139.0	10.5	10.1	863.0	553.3	309.7	864.3	5 575.6
1997	1 522.4	1 197.9	1 098.0	816.9	112.2	149.0	10.1	9.7	813.6	520.2	293.5	848.9	5 480.8
1998	1 533.6	1 136.8	1 139.3	843.6	120.1	156.1	9.9	9.6	802.3	511.7	290.6	832.6	5 444.6
1999	1 489.7	1 078.4	1 159.4	862.8	129.0	148.6	9.5	9.6	785.9	497.9	288.0	817.0	5 330.4
2000	1 502.5	1 106.5	1 174.0	864.7	136.3	153.8	9.7	9.6	761.5	482.9	278.6	800.9	5 345.4
2001	1 536.3	1 089.1	1 192.3	880.9	133.2	159.9	9.0	9.3	808.5	513.5	294.9	778.5	5 404.7
2002	1 557.4	1 061.7	1 212.6	894.6	135.5	163.6	9.0	9.9	770.5	488.3	282.2	765.3	5 367.5
2003	1 608.8	1 091.2	1 223.5	903.0	134.5	167.2	8.9	9.9	799.5	505.7	293.8	749.4	5 472.5
2004	1 595.5	1 101.6	1 261.6	923.5	143.5	175.2	9.0	10.4	789.8	496.8	293.0	739.3	5 487.9
2005	1 580.5	1 098.0	1 277.4	922.6	151.4	184.5	8.5	10.4	783.1	491.8	291.3	725.8	5 464.8

Quelle: EU Kommission, 2008, 186

Figur 6: Hauptemittenten im Verkehr

	EU27		DE
	Veränderung 2005 zu 1990	Anteil an Gesamtemission in 2005	
Gesamtsektor	132,1%	100,0%	100,0%
Straße	127,3%	71,9%	78,8%
Luft	178,9%	12,0%	13,2%
Wasser	139,3%	14,7%	5,0%
Schiene	57,6%	0,6%	0,8%
Sonstiges	91,8%	0,8%	2,3%

Quelle: Eigene Berechnung nach EU Kommission, 2008, 186&188

In keinem Mitgliedsland der EU27 trägt der Anteil des Schienenverkehrs zu mehr als 5% der Emissionen bei (vgl. EU Kommission, 2008, 188) und außerdem wurden seit 1990 auf der Schiene die Emissionen bereits fast halbiert (s. Figur 6), dennoch wird vorwiegend der Schienenverkehr ab der dritten Handelsperiode (2013-2020) stärker in den Emissionshandel eingebunden werden als die anderen Verkehrsträger. Die aktuelle Ausgestaltung der Integration des Verkehrssektors in den Emissionshandel kann sogar zu einer Emissionszunahme führen (vgl. BÜHLER et al., 2009, Vorwort X). Grund hierfür ist die ungleiche Behandlung der verschiedenen Verkehrsträger bei den Zuteilungsregeln der Zertifikate, wobei lediglich Eisenbahnunternehmen ab 2013 Zertifikate im vollen Umfang ersteigern müssen und alle anderen Verkehrsträger größtenteils kostenlose Zuteilungen erhalten (Flugverkehr 85%) oder vorerst nicht im Emissionshandel erfasst (Pkw, Lkw, Schiffverkehr) werden (vgl. BÜHLER, 2009, 95). Der Schienenverkehr ist bereits durch Kostenweitergabe beim Strom durch Energieunternehmen (seit 2005 emissionshandelspflichtig) betroffen. Konkret wurden als Auswirkungen der aktuellen Vorhaben für Eisenbahnunternehmen eine Kostensteigerung von 1% bzw. 1,3% (Personen- bzw. Güterverkehr) errechnet (vgl. BÜHLER et al., 2009, Vorwort IX), welche einen *modal shift* hin zum motorisierten Individualverkehr auslösen und eine Steigerung der Emissionen im Verkehrssektor um 0,39% im Vergleich zur Situation ohne Emissionshandel bewirken könnte (vgl. BÜHLER, 2009, 75). Dies entspräche einer Menge von ca. 760000 tCO$_2$-Äquivalente in Deutschland oder für die EU27 immerhin 4,9Mio.tCO$_2$-Äquivalente (vgl. EU Kommission, 2008, 188).

Die ökologischen Ziele bei dieser Art der Zuteilung von Emissionsberechtigungen werden vorerst nicht erreicht. Allerdings ist der ausgelöste modal shift zum Teil reversibel, sofern zumindest der Flugverkehr zu einem späteren Zeitpunkt ebenfalls in vollem Umfang ersteigerungspflichtig würde. Denn selbst wenn der Straßenverkehr zu diesem Zeitpunkt nicht integriert ist, würden wieder Fahrgäste vom Flugzeug auf die Bahn umsteigen, da die Kostensteigerung beim Flugzeug das Dreifache derjenigen bei der Bahn ausmachen würde (vgl. BÜHLER, 2009, 80). Für die Bahn ergäbe sich - verglichen mit der Situation ohne Emissionshandel - in der Situation Bahn und Flugzeug 100% Versteigerung - eine ausgeglichene Bilanz, wohingegen der Flugverkehr Einbußen und der Straßenverkehr Zugewinne verbuchen können. Die CO$_2$ Emissionen des Verkehrssektors jedoch nähmen auch zu (vgl. BÜHLER, 2009, 81).

Ergo verfehlt der Emissionshandel im Transportsektor seine ökologische Wirksamkeit, wenn nicht der Pkw- und Lkw-Verkehr integriert werden oder in anderer Form ein modal shift zu deren Gunsten verhindert wird.

Bemerkenswert ist, dass die derzeitige übermäßige Besteuerung der CO$_2$-Emissionen aus Benzin für Fahrzwecke (s. Figur 7) hier anscheinend als vorausgesetzt gilt. Ein einheitlicher Preis für Emissionen unabhängig des Verwendungszwecks würde wohl die Kosten beim Transportsektor senken. Selbst wenn der Straßenverkehr in den Emissions-handel integriert wäre und alle anderen Steuerbelastungen wegen Doppelbelastung abgeschafft würden, würde dieser Sektor unterm Strich entlastet. Bei tatsächlicher Gleichbelastung der Emissionen aller Verkehrsträger gäbe es also auch einen modal shift zugunsten des Straßenverkehrs. Konkret würde bei gleicher Fahrstrecke pro Jahr die steuerliche Belastung auf ca. 10% der gegenwärtigen herabsinken (Zertifikatpreis 30€ statt aktueller Belastung von 273€/tCO$_2$, 7l Benzin/100km, 20.000km/a, 3,3tCO$_2$/a vgl. SINN, 2009, 131).

Ein gegenläufiger Effekt resultiert daraus, dass negative externe Effekte nicht nur durch CO$_2$-Emissionen entstehen, sondern bspw. auch aus Verkehrsunfällen und Lärmbelastung. Es ist also falsch, alle aktuellen Besteuerungen auf Benzin/Diesel zum Autofahren nur auf die Emissionen umzurechnen. Aus dieser Sicht scheint eine absolute Gleichbehandlung aller Verkehrsträger bei der Besteuerung lediglich nach den CO_2-Emissionen ungerechtfertigt.

Figur 7: Steuern auf fossile Brennstoffe in Deutschland (2008)

	Steuern	*Primärenergie ct/kWh*	*€/t CO_2*
Heizöl schwer zur Prozesswärmeerzeugung	*2,5 ct/kg*	*0,22*	*8,43*
Heizöl schwer zur Stromerzeugung	*2,05 ct/kWh*	*0,82*	*29,29*
Heizöl leicht zur Heizung	*6,14 ct/l*	*0,61*	*22,87*
Heizöl leicht zur Stromerzeugung	*2,05 ct/kWh*	*0,82*	*30,74*
Erdgas zur Heizung	*0,55 ct/kWh*	*0,55*	*27,10*
Erdgas als Kraftstoff	*1,39 ct/kWh*	*1,39*	*68,50*
Erdgas zur Stromerzeugung	*2,05 ct/kWh*	*1,19*	*59,50*
Steinkohle zur Heizung	*33 ct/GJ*	*0,12*	*3,64*
Steinkohle zur Stromerzeugung	*2,05 ct/kWh*	*0,96*	*29,10*
Braunkohle zur Heizung	*33 ct/GJ*	*0,12*	*3,33*
Braunkohle zur Stromerzeugung	*2,05 ct/kWh*	*0,88*	*22,00*
Diesel	*47,04 ct/l*	*4,74*	*178,62*
Benzin	*65,45 ct/l*	*7,26*	*273, 17*

Quelle: SINN, 2009, 131

Bei der Integration des Luftverkehrs in einen global lückenhaften Emissionshandel kann es zu einer Verlagerung von Flugaufkommen von innereuropäischen Flughäfen wie Frankfurt oder London kommen, die v.a. als Umsteigeflughäfen für Transkontinentalflüge dienen. Diese Standorte würden einen Wettbewerbsnachteil ggü. außereuropäischen Flughäfen erfahren und könnten durch Flughäfen in Dubai, Island, Nordafrika oder Russland abgelöst werden (vgl. SINN, 2009, 90). Der Luftverkehr sollte also nur dann eingebunden werden, wenn solche Ausweichmöglichkeiten ausgeschlossen werden können.

5. Versteigerung oder kostenlose Zuteilung?

Nun soll die Problematik der Art der Zuteilung von Emissionsrechten – kostenlos oder durch Versteigerung - diskutiert werden. Der Emissionshandel ist theoretisch ein effizientes umweltpolitisches Instrument, egal ob die Zertifikate den Emittenten kostenlos zugeteilt oder versteigert werden (vgl. RENTZ, 2007, 142). In einfachen Worten drückte dies Sigmar Gabriel aus: „Zuerst muss mir mal jemand erklären, wieso es dem Klima hilft, wenn Emissionsrechte versteigert werden. Es geht ja immer um die gleiche Menge und um kein Gramm CO_2 weniger." (vgl. RENTZ, 2007, 143). Das Phänomen dahinter ist das sogenannte „Coase-Theorem" (vgl. BOFINGER, 2007, 280). Erstaunlich daran ist, dass negative externe Effekte (z.B. Umweltverschmutzung) von zwei Richtungen internalisiert werden können. Zum einen kann der Verursacher durch staatliche Regulierung verpflichtet werden Kompensationsmaßnahmen durchzuführen – die Kosten trägt der Verursacher. Zum anderen ist es aber auch denkbar, dass sich die Leidtragenden der Umweltverschmutzung zusammenschließen und die Kosten der Vermeidung von Umweltverschmutzung für den Verursacher übernehmen, damit die negativen Effekte unterbleiben – die Leidtragenden tragen die Kosten (vgl. BOFINGER, 2007, 280). Der letzte Fall erscheint absurd und ungerecht, doch genau dies geschieht als Folge der aktuellen Ausgestaltung des Emissionshandels. Europäische Energieproduzenten erhielten bisher Emissionsrechte kostenlos und Überschüsse/Defizite konnten gehandelt werden, jedoch wurde der Marktwert der kostenlos erhaltenen Zertifikate in den Bilanzen der Unternehmen als Ausgaben aufgeführt (als hätte man die Zertifikate erwerben müssen) und diese wurden direkt an den Verbraucher, der nicht auf außereuropäische Energieanbieter ausweichen kann, weitergegeben (vgl. RENTZ, 2007, 142). Wer zahlt also letztendlich, Verursacher oder Leidtragende?

Die Zuteilungsart der Zertifikate hat also keine Auswirkung auf die Effizienz des Instruments, oder anders: „...es handelt sich nicht um ein Allokations- oder Effizienzproblem, sondern um eine Verteilungsfrage." (RENTZ, 2007, 143). Es darf aber nicht vergessen werden, dass umweltpolitische Instrumente neben ökonomischer und ökologischer Effizienz auch nach anderen Kriterien bewertet werden müssen (vgl. Punkt 1) und dass Standortunterschiede (v.a. energieintensiver Industrien) bestehen, solange es kein globales, harmonisiertes Emissionshandelssystem gibt.

5.1 Nachteile einer Versteigerungslösung gegenüber einer kostenlosen Zuteilung

Auch wenn durch die oben erwähnte Problematik der Kostenweitergabe an die Verbraucher bei diesen die kostenlose Zuteilung auf wenig Gegenliebe stößt, brächte eine Versteigerungslösung ebenfalls etliche Nachteile mit sich. Die Kosten würden hier natürlich erst recht weitergegeben werden und es wäre aus Verbrauchersicht nichts gewonnen. Vergangene Versteigerungen (z.B. UMTS-Lizenzen) waren von hohem „konzeptionellen und juristischem Aufwand" (RENTZ, 2007, 144) gekennzeichnet und sind somit schwieriger zu handhaben als kostenlose Zuteilungen. Markteintrittsbarrieren - in Form erhöhter Investitionssummen durch Ersteigerung von Zertifikaten - würden kleinere Unternehmen benachteiligen und sie außerdem vor die Schwierigkeit der künftigen Markteinschätzung stellen, bei der große Unternehmen personell klare Vorteile genießen (vgl. RENTZ, 2007, 144).

In Zeiten der Weltfinanz- und Weltwirtschaftskrise drängt sich ein weiterer, gravierender Nachteil auf. Denn bei einer Versteigerung wären Finanzinvestoren vom ersten Zertifikat an beteiligt, mit Absichten, die wohl wenig mit Versorgungssicherheit oder Umweltpolitik zu tun haben. Die bisherige Praxis teilt jedoch den beteiligten Emittenten einen sicheren Grundstock ihres „Produktionsfaktors" CO_2 (RENTZ, 2007, 141) zu und nur Abweichungen von den Zuteilungsmengen unterliegen dem freien Handel. Es kann angenommen werden, dass die meisten Unternehmen risikoavers sind und für Preisschwankungen, die bei zusätzlichen Spekulationen durch Finanzinvestoren häufiger auftreten könnten, Risikoprämien auf den Verkauf ihrer Zertifikate verlangen werden. Dies würde zu einer Verteuerung der Zertifikate führen, deren Kosten höchstwahrscheinlich auf die Verbraucher abgewälzt würden. Von höherer Transparenz des Zertifikatmarktes durch Versteigerung kann also kaum die Rede sein (RENTZ, 2007, 145).

5.2 Vorteile einer Versteigerungslösung gegenüber einer kostenlosen Zuteilung

Eine Versteigerung von Zertifikaten bedeutet gleichzeitig, dass diese unabhängig von Anlagenalter oder –art sind, d.h. jedes Unternehmen versucht eine optimale Kombination aus Zertifikaten und Emissionsvermeidung zu realisieren. Das cap des Emissionshandels behält die gleichen Merkmale bei wie bei kostenloser Zuteilung.

Aus ökologischer Sicht wird hier ein starker Anreiz zu Technologiewechsel gesetzt. Allein die kostenlose Zuteilung macht es bspw. für Energieproduzenten - nach deren Aussage – lohnend, weiterhin in Kohlekraftwerke zu investieren (RENTZ, 2007, 149). Oftmals mit Überbetonung der gefährdeten Versorgungssicherheit und der sich verschärfenden (Rohstoff-) Importabhängigkeit Europas, aber geschickter Vernachlässigung der EE wird darauf hingewiesen, dass eine Versteigerungslösung zukünftige Investitionen in Kohlekraftwerke unterbinden und Kapital eher in Gaskraftwerke lenken würde (RENTZ, 2007, 147). Aus ökologischer Sicht wäre dies natürlich äußerst wünschenswert, v.a. mit Blick auf die durchaus langen „Investitionszyklen [der Energiebranche] zwischen 10 und 40 Jahren" (RENTZ, 2007, 147) erscheint eine Versteigerungslösung, sollte sie den obigen Effekt tatsächlich bewirken können, überfällig.

Für den ersten Handelszeitraum (2005-2007) ist empirisch belegt, dass große Emittenten, sofern sie durch Interessengruppen stark vertreten wurden, generell mehr Emissionsberechtigungen erhielten (vgl. ANGER et al., 2008, 17). Auch wurde der theoretische Nachweis erbracht, dass Interessengruppen eine regulierende Institution dazu bewegen können, ein kostenloses Vergabeverfahren statt einer Versteigerung einzurichten und milde Emissionsobergrenzen festzulegen (vgl. ANGER et al., 2008, 2). Letztlich werden durch Lobby-Einflüsse im emissionshandelspflichtigen Sektor Belastungen aus diesem in den unregulierten Sektor (Verkehr, Haushalte) verlagert (vgl. ANGER et al., 2008, 17). Gelänge es also Versteigerungen durchzusetzen, könnten all diese negativen Effekte behoben werden, allerdings bestehen auch bei Versteigerungen Gefahren durch strategisches Verhalten während des Auktionsprozesses (vgl. RENTZ, 2007, 144), worunter Absprachen jeglicher Form zu den Kaufabsichten einzelner Emittenten fallen würden.

Zusammenfassend scheinen Auktionen zum einen besser geeignet, um ökologische Ziele schneller zu erreichen (Investitionsstopp bei Kohlekraftwerken). Zum anderen scheinen sie weniger anfällig für politische Einflussnahme durch Interessengruppen zu sein. Für die dritte Handelsphase (2013-2020) sollen Auktionen verstärkt eingeführt werden, wobei ab 2013 mindestens 2/3 der Zertifikate und ab 2020 schließlich alle versteigert werden sollen (vgl. BENZ et al., 2008, 24). Entscheidend ist allerdings die Ausgestaltung des Auktionsverfahrens. Von Wissenschaftlern des ZEW wird eine sogenannte „doppelte Auktion" (BENZ et al., 2008, 24) vorgeschlagen, die dynamisch gestaltet ist (d.h. mehrere Auktionen pro Handelsphase) und die auch das Ersteigern von Zertifikaten künftiger Perioden ermöglicht, d.h. die Preisunsicherheit verringert (BENZ et al. 2008, 24).

5.3 Wohlfahrtsanalyse von Versteigerungslösungen

Allein die Wahl von Auktionsverfahren kann einen erheblichen Einfluss auf den künftigen Energiemix haben und wird somit auch geographisch interessant. Verschiedene Kombinationen von Auktionsarten sollen nun in einem Beispiel (nach BENZ et al., 2008, 7-11) auf ihre Wohlfahrtswirkungen analysiert werden.

Die Vorgabe einer Emissionsobergrenze von z.B. 900 tCO_2 bedeutet für die regulierten Unternehmen/Anlagen den Zwang 100 tCO_2 zu vermeiden, da sie ohne Regulierung 1000 tCO_2 emittierten (Fig.8; Σ bau$_i$). Da Emissionsvermeidungskosten je nach Anlageart verschieden sind, werden diese in MAC_i („marginal abatement costs", also marginale Vermeidungskosten) berücksichtigt. Erkenntnisse aus diesem Beispiel sind aus dem Vergleich verschiedener Auktionsregeln zu gewinnen, die absoluten Zahlen dienen nur zur Veranschaulichung.

Figur 8: Kombinationen verschiedener Auktionsregeln.

Unternehmen			Auktionsregeln											
			GF + A			GF + DA			A			GF + KH*		
i	bau_i	$MAC_i[€]$	s_i	q_i	a_i	s_i	q_i	a_i	s_i	q_i	a_i	s_i	q_i	a_i
1	200	50	160	40	0	160	40	0	0	200	0	180	0	20
2	200	40	160	40	0	160	40	0	0	200	0	180	0	20
3	200	30	160	20	20	160	40	0	0	200	0	180	0	20
4	200	20	160	0	40	160	40	0	0	200	0	180	0	20
5	200	10	160	0	40	160	-60	100	0	100	100	180	0	20
Auktionspreis p_A [€]			30			10			10			-		

bau_i: „business as usual" Emissionen, d.h. ohne jegliche umweltpolitische Regelung
MAC_i: „marginal abatement costs" einzelner Unternehmen, d.h. durchschnittliche Kosten der Vermeidung einer zusätzlichen Emissionseinheit, entspricht der max. Zahlungsbereitschaft
GF + A: „grandfathering" + einseitige Auktion; Grandfathering steht eigtl. für ein Berechnungsverfahren zur Menge der zuzuteilenden Zertifikate, hier gleichbedeutend mit kostenloser Zuteilung
GF + DA: „grandfathering" + doppelte Auktion
A: Vollständige Auktion
GF + KH: kein Handel mit Zertifikaten, stattdessen 10% Reduktionsvorgabe pro Unternehmen
s_i: Anfangsausstattung an Emissionsberechtigungen
q_i: Menge gehandelter Emissionsberechtigungen
a_i: Vermiedene Emissionen durch Technologiewechsel
*Eigene Ergänzung
Quelle: Nach BENZ et al., 2008, 9

Figur 9: Wohlfahrtsanalyse von Auktionsregeln.

Kosten bzw. Einnahmen	GF + A	GF + DA	A	GF + KH
Zertifikatkauf: $C_1 = \Sigma\ q_i * p_A$	-3000	-1000	-9000	0
Technologiewechsel: $C_2 = \Sigma\ a_i * MAC_i$	-1800	-1000	-1000	-3000
Gesamtkosten Unternehmen: $C = C_1 + C_2$	-4800	-2000	-10000	-3000
Durchschnittskosten pro tCO_2-Vermeidung AC=C/Reduktionsvorgabe, hier 100	-48	-20	-100	-30
Staatliche Einnahmen: $E = -C_1$	3000	0*	9000	0*

** Kein Handel mit Staat und kostenlose Anfangsausstattung*
Quelle: Eigene Berechnungen nach BENZ, 2008, 9

Die Auktionsregel „GF+A" steht für grandfathering (kostenlose Zuteilung) eines Teils der Zertifikate und zusätzlicher einseitiger Auktion, so wie dies in der aktuellen Handelsphase praktiziert wird (2008-2012: 10% Versteigerung, vgl. KEMFERT, 2005, 5). Der nachgelagerte Handel mit den kostenlos erhaltenen Zertifikaten bleibt hier außen vor. Bei einer einseitigen Auktion können Unternehmen dem Staat gegenüber lediglich als Käufer auftreten, wohingegen sie bei einer doppelten Auktion auch Verkäufer sein können (vgl. BENZ, 2008, 2). Die Auktionsregel „GF+DA" steht dementsprechend für kostenlose Zuteilung eines Teils der Zertifikate und zusätzlicher doppelter Auktion. Die Auktionsregel „A" steht für eine gänzliche Auktion aller Zertifikate. Es sei nochmals erwähnt, dass bei allen Auktionsregeln die Emissionsobergrenze gleich bleibt, das ökologische Ziel also durch jede der Möglichkeiten erreicht werden kann.

Die Auktionsregel „GF+KH" entspräche einer Situation, in der jeder Anlage die gleiche Reduktion um x% verordnet werden würde, es also keinen Emissionshandel gäbe.

Liegt der Auktionspreis unter den marginalen Vermeidungskosten (p_A < MAC_i), so werden von Unternehmen fehlende Zertifikate ersteigert, entgegengesetzt (p_A > MAC_i) erfolgt ein Wechsel hin zu emissionsärmeren Technologien (vgl. BENZ, 2008, 8). Die Reihenfolge der Versteigerung richtet sich nach der Zahlungsbereitschaft, wobei für Unternehmen mit hohen Vermeidungskosten Zertifikate einen höheren Wert darstellen als für Unternehmen mit geringen Vermeidungskosten. Entsprechend werden diese (Fig. 8 Unternehmen 5) vorrangig Technologiewechsel betreiben und bei doppelter Auktion als Verkäufer auftreten und jene (Fig. 8 zuerst Unternehmen 1) vorrangig als Käufer bedient werden.

Auf den ersten Blick erscheint in Figur 9 die Lösung „GF+DA" als die ökonomisch effizienteste, denn die Durchschnittskosten pro tCO_2-Vermeidung und die Gesamtkosten für die Unternehmen sind die mit Abstand geringsten. In Wirklichkeit rechnet allein die Bundesregierung mit jährlichen Einnahmen aus einer Auktionslösung von ca. 10Mrd.€ (SINN, 2009, 101). Überträgt man die Relationen aus dem obigen Beispiel auf diese Summe, so würde die Lösung „GF+DA" statt „A" den betroffenen Unternehmen ca. 8 Mrd.€ ersparen und würde das gleiche ökologische Ergebnis erzielen. Doch sind im vereinfachten Beispiel die negativen Effekte einer kostenlosen Zuteilung (s. Punkt 5.2) nicht eingepreist, die hauptsächlich aus Lobbyismus („rent seeking" SINN, 2009, 106) und den damit ansteigenden Transaktionskosten (vgl. BENZ, 2008, 6) herrühren, jedoch kaum zu monetarisieren sind. Bedenkt man weiterhin die Möglichkeit, dass Unternehmen Teile der Ausgaben, die bei der Lösung „A" entstünden, indirekt durch Abschaffung anderer Steuern rückerstattet bekämen, so würden sich die Kostenunterschiede zwischen den Regeln „GF+DA" und „A" relativieren. Die Vorteile einer vollständigen Auktion, v.a. größere ökologische Wirksamkeit, würden betont werden.

Dieses Beispiel kann auch ergänzt werden um eine Betrachtung einer Lösung ohne Emissionshandel. Dies wäre gleichbedeutend mit einer kostenlosen Zuteilung von 90% der Emissionen, also der Vorgabe, dass jede Anlage 10% der Emissionen vermeiden muss – unabhängig der jeweiligen Vermeidungskosten. Unternehmen hätten dann keine andere Wahl, als ihre Technologie umzustellen und würden damit Kosten zu tragen haben, die 50% höher wären als bei der Lösung mit Emissionshandel (s. Figur 9: GF+DA & GF+KH).

Die tatsächlichen Emissionsvermeidungskosten sind in Wirklichkeit keiner zentralstaatlichen Behörde bekannt und Unternehmensleiter haben auch keinen Anreiz korrekte Angaben zu diesen zu machen. Dies ist ein starkes Argument für den Emissionshandel, denn dieser funktioniert theoretisch effizienter als jegliche staatliche Vorgabe zu betriebsinternen Vorgängen. Der Grund hierfür ist, dass das Preissignal auf dem Markt ausreicht ohne detaillierte Kenntnis über Vermeidungskosten einzelner technischer Anlagen zu haben (vgl. SINN, 2009, 91ff). Außerdem steigen in der Realität die Vermeidungskosten mit der Höhe der Vermeidung, was zwar obiges Beispiel nicht berücksichtigt, jedoch an dem Wesentlichen, nämlich den Unterschieden der Vermeidungskosten, nichts ändert (vgl. SINN, 2009, 95).

Eine regional differenzierte Betrachtung könnte ermöglicht werden, indem Klassen ähnlicher Vermeidungskosten gebildet würden. Anschließend wäre es möglich, diese je nach tatsächlicher Wirtschaftsstruktur einer Region zu gewichten. Somit könnten ähnlich wie in Figur 2 potentielle Zertifikatkäufer und –verkäufer eingeschränkt werden.

6. Clean Development Mechanism (CDM)

Die künftige Auktionierung und Verknappung der Emissionsberechtigungen kann diese verteuern – der CDM ist eine kostengünstige Option, Zertifikate zu erwerben. Aus globaler Perspektive ist es egal an welchem Ort Emissionen vermieden werden, wichtig ist nur, dass die Gesamtmenge sinkt. Die Kosten der Emissionsvermeidung sind jedoch sehr wohl regional verschieden (gleiche Logik wie in bei den Auktionsregeln „A" und „GF+DA"). Deshalb ist es ökonomisch, ein Instrument in den Emissionshandel zu integrieren, das es erlaubt, zunächst die international kostengünstigsten Möglichkeiten der Emissionsvermeidung – sog. „low hanging fruits" (DEHSt, 2008b, 17) - auszuschöpfen (vgl. DEHSt, 2008b, 4). Anstatt inländische Anlagen, deren Vermeidungskosten bereits relativ hoch sind, zu modernisieren, können ausländische Klimaschutzprojekte, deren Vermeidungskosten noch relativ gering sind, finanziert werden. Dadurch können jährlich Emissionen eingespart und die entsprechende Menge als Zertifikate angerechnet werden. Anrechenbare Projekte sind vielfältig, jedoch sind Emissionsreduktionen aus „dem Betreiben von Nuklearanlagen und aus der Landnutzung, Landnutzungsänderung und Forstwirtschaft" (EU Kommission, 2005, 17), sowie „Maßnahmen, die gesetzlich [bereits] gefordert sind oder die dem Stand der Technik in der jeweiligen Region entsprechen" (DEHSt, 2008b, 6) zumindest im europäischen Emissionshandel ausgeschlossen. Der

Ausbau von EE ist bspw. eine gängige Methode im CDM. Besonders lohnend sind Reduktionsanstrengungen in Ländern mit relativ hoher Emissionsintensität, denn zur Berechnung von künftig vermiedenen Emissionen sind Referenzwerte aus Szenarien ohne und mit CDM zu vergleichen (DEHSt, 2008c, 5).

Daten zur CO_2-Intensität können dies veranschaulichen, denn sie drücken aus, wie viel CO_2-Emissionen pro Verbrauch fossiler Energie (tCO_2/toe = tonne oil equivalent) freigesetzt werden (vgl. EU Kommission, 2008, 27). Wird vorwiegend Kohle verbrannt, ergibt sich eine hohe CO_2-Intensität, wird weniger Kohle verbrannt, ergibt sich ein geringerer Wert. Bei hohen Werten (z.B. in China) vermeidet bspw. der Bau einer Windkraftanlage verhältnismäßig mehr Emissionen als der Bau der gleichen Anlage in Ländern mit geringeren Werten (z.B. Deutschland). Figur 10 gibt einen Überblick über die national verschiedenen Werte der CO_2-Intensität und kann teilweise die weltweite Verteilung von CDM-Projekten (s. Fig. 11) erklären.

Die UN stellt aktuelle Statistiken über die Entwicklung des CDM zur Verfügung (vgl. UNFCCC, 2009). Demnach wurden bis September 2009 bereits 1814 CDM-Projekte registriert, wobei die meisten in China (ca. 35%), Indien (ca. 25%) und Brasilien (ca. 9%) durchgeführt wurden (s. Figur 11). Die meisten Projekte wurden aus EU-Ländern finanziert (ca. 77%), was wohl an dem attraktiven Wechselkurs EUA:CER von 1:1 liegt.

Innerhalb der EU haben Großbritannien & Nordirland (ca. 29%), Schweiz (ca. 21%) und Niederlande (ca. 11%) die meisten Projekte verwirklicht, Deutschland hingegen nur ca. 6%. Die meisten Maßnahmen wurden in den Bereichen Energie (ca. 60%) und Abfallwirtschaft (ca. 18%) durchgeführt, wobei die UNFCC über ein Dutzend ver-schiedener Bereiche kategorisiert. Die Treibhausgase dieser Bereiche können in CO_2-Äqui-valente umgerechnet und somit als CERs für den Emissionshandel erfasst werden.

Die ab 2005 bis 2012 durch CDM vermiedenen Emissionsmengen scheinen auf den ersten Blick nicht unerheblich, denn bis dahin sollen weltweit ca. 1,65 Mrd.tCO_2 durch bereits realisierte Projekte vermieden werden (vgl. UNFCCC, 2009). Dies entspricht einer jährlichen Vermeidung von ca. 235 Mio.tCO_2, was wiederum ca. 23% der deutschen Treibhausgasemissionen in 2005 entspricht, jedoch lediglich ca. 4,3% der Treibhausgasemissionen der EU27 in 2005 (vgl. EU Kommission, 2008, 185) oder - noch ernüchternder - lediglich 0,48% der weltweiten 49 Mrd.t Treibhausgase in 2004 (vgl. IPCC, 2007, 36).

Figur 10: Kohlendioxid-Intensitäten

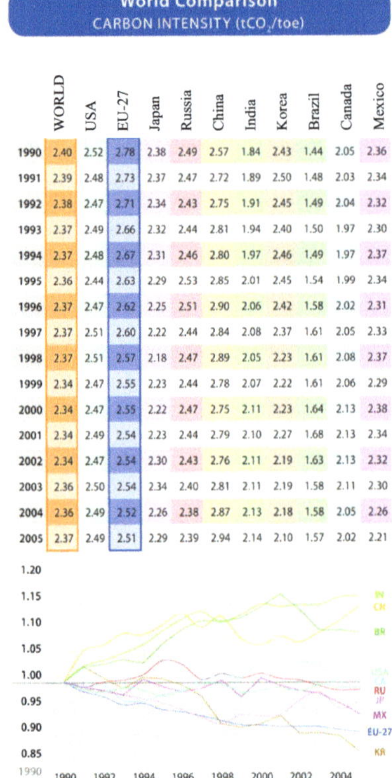

	WORLD	USA	EU-27	Japan	Russia	China	India	Korea	Brazil	Canada	Mexico
1990	2.40	2.52	2.78	2.38	2.49	2.57	1.84	2.43	1.44	2.05	2.36
1991	2.39	2.48	2.73	2.37	2.47	2.72	1.89	2.50	1.48	2.03	2.34
1992	2.38	2.47	2.71	2.34	2.43	2.75	1.91	2.45	1.49	2.04	2.32
1993	2.37	2.49	2.66	2.32	2.44	2.81	1.94	2.40	1.50	1.97	2.30
1994	2.37	2.48	2.67	2.31	2.46	2.80	1.97	2.46	1.49	1.97	2.37
1995	2.36	2.44	2.63	2.29	2.53	2.85	2.01	2.45	1.54	1.99	2.34
1996	2.37	2.47	2.62	2.25	2.51	2.90	2.06	2.42	1.58	2.02	2.31
1997	2.37	2.51	2.60	2.22	2.44	2.84	2.08	2.37	1.61	2.05	2.33
1998	2.37	2.51	2.57	2.18	2.47	2.89	2.05	2.23	1.61	2.08	2.37
1999	2.34	2.47	2.55	2.23	2.44	2.78	2.07	2.22	1.61	2.06	2.29
2000	2.34	2.47	2.55	2.22	2.47	2.75	2.11	2.23	1.64	2.13	2.38
2001	2.34	2.49	2.54	2.23	2.44	2.79	2.10	2.27	1.68	2.13	2.34
2002	2.34	2.47	2.54	2.30	2.43	2.76	2.11	2.19	1.63	2.13	2.32
2003	2.36	2.50	2.54	2.34	2.40	2.81	2.11	2.19	1.58	2.11	2.30
2004	2.36	2.49	2.52	2.26	2.38	2.87	2.13	2.18	1.58	2.05	2.26
2005	2.37	2.49	2.51	2.29	2.39	2.94	2.14	2.10	1.57	2.02	2.21

Quelle: EU Kommission, 2008, 199

Die gemessenen Emissionsreduktionen durch den CDM erscheinen weltweit äußerst gering. Für sich alleine kann dieses Instrument nur einen geringen Beitrag zur Erreichung einer „verträglichen" globalen Erwärmung leisten, welche durch eine Halbierung der anthropogenen Treibhausgase aus 1990 bis 2050 (von ca. 40Mrd auf ca 20Mrd.tCO₂) erreicht werden kann (vgl. SINN, 2009, 51). Doch ist dies nicht das Primärziel, sondern ein kostengünstiges Aufspüren von Potenzialen zur Emissionsvermeidung. Der CDM soll ein dezentraler Suchprozess sein, um die Vorgaben des Emissionshandels, also die Emissionsobergrenze, so ökonomisch wie möglich zu erreichen (vgl. DEHSt, 2008b, 12).

Allerdings scheint die Abwicklung einer CDM Maßnahme langwieriger und riskanter zu sein als die Alternative der Modernisierung von bestehenden inländischen Anlagen.

Eine ökonomische Modellierung des ZEW liefert allerdings die Erkenntnis, dass durch höhere Transaktionskosten und erhöhtes Risiko einer CDM-Investition der Zertifikatpreis um weniger als 1€ ansteigt (vgl. ANGER et al., 2007, 13). Eine Quotenregelung bezüglich der erlaubten Anteile der Emissionsreduktionen durch CDM an den Gesamtreduktionen einer Region (DE derzeit max. 22%, vgl. DEHSt, 2008b, 7) hat einen stärkeren Preisanstieg der Zertifikate zur Folge (vgl. ANGER et al., 2007, 18). Die derzeitige Regelung kann also aus Sicht der emissionshandelspflichtigen Unternehmen als kostentreibende Marktverzerrung gesehen werden. Ein uneingeschränkter Zugang für Unternehmen zu allen weltweiten Potenzialen zur Emissionsvermeidung hätte im

Umkehrschluss enorme Einsparpotenziale zur Folge – Klimaschutz wäre günstiger. Eine ökonomische Analyse verschiedener Szenarien des weltweiten Emissionshandels kommt zu den Ergebnissen, dass Szenarien mit unbeschränktem CDM-Handel die geringsten volkswirtschaftlichen Kosten verursachen – nämlich für Westeuropa nur ca. ein Drittel der Kosten eines Szenarios ohne jeglichen Emissionshandel, also nur ca. 0,08% statt 0,23% des BIP (vgl. SCHRATTENHOLZER & TROTSCHNIG, 2005, 224).

Figur 11: Weltweite Verteilung registrierter CDM-Projekte (Stand: 09.2009)

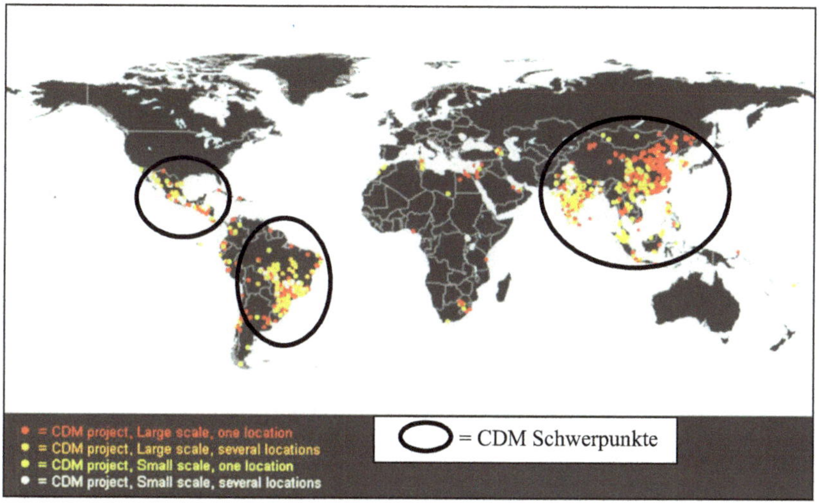

Quelle: Nach http://cdm.unfccc.int/Projects/MapApp/index.html

7. Emissionshandel & Co.

7.1 Kombination von Emissionshandel und Förderung regenerativer Energien

Unter Wissenschaftlern ist umstritten, ob ein Nebeneinander von Emissionshandel und Förderung von EE (z.B. durch das EEG) ökonomisch sinnvoll ist. Kritiker führen bspw. an, dass sich die verschiedenen Instrumente keineswegs ergänzen, sondern eher behindern, sofern beide gleichzeitig auf Unternehmen wirken (vgl. SINN, 2009, 176). Außerdem kann es dazu kommen, dass ein Nachfragerückgang nach fossiler Energie eines Teils der Welt einen ebenso großen Nachfrageanstieg im Rest der Welt verursachen kann und somit vollständig kompensiert wird (s. Punkt 8).

Der Knackpunkt dieses Problems ist die angemessene Berücksichtigung der künftigen Entwicklung von EE bei der Festlegung der Emissionsobergrenze, sowie der Vermeidung von Doppelbelastungen aus beiden Instrumenten. Es ist also eine angemessene „Abstimmung zwischen Emissionshandel und Förderpolitik" (KEMFERT, 2009, 171) nötig. In den ersten beiden Handelsperioden (2005-2012) wurden die EE nicht angemessen berücksichtigt (KEMFERT, 2009, 172). Allerdings fielen andere Konstruktionsmängel des Systems (v.a. 2005-2007) bei der möglichen Emissionsvermeidung schwerwiegender ins Gewicht. So wurde die Emissionsgrenze schlichtweg zu hoch angesetzt, es gab zahlreiche nationale Sonderregelungen und teilweise brach der Markt 2007 sogar zusammen (s. Figur 4). Letztlich verfielen einige Zertifikate ungenutzt und eine Reduktion der Emissionen wurde folglich nicht erreicht.

Erkenntnis dieser Streitfrage ist, dass verschiedene „Bündel energie- und umweltpolitischer Instrumente […] auf nationaler und europäischer Ebene […] mit dem Emissionshandel abgestimmt sein müssen." (Kemfert, 2009, 174). Es sollte also keine Doppelbelastung eintreten. Dies ist aber dann der Fall, wenn emissionshandelspflichtige Anlagen weiteren Umweltauflagen unterliegen, die ebenfalls auf den Ausstoß von Treibhausgasen wirken. Außerdem sollte sich nicht auf ein einziges der beiden Instrumente beschränkt werden, da der Emissionshandel noch nicht global ist. Figur 15 zeigt uns, dass, solange kein weltweites Handelssystem eingerichtet ist, positive externe Effekte des Klimaschutzes einzelner Nationen auf passive Staaten wirken und diesen Anreize zum Trittbrettverhalten geben. Eine Abschaffung der deutschen Umweltförderung, die „für die Katz" sei (SINN, 2009, 183) ist erst dann vernünftig, wenn ein weltweit geschlossener Emissionshandel besteht. Effizienter wäre sicherlich die umgekehrte Herangehensweise, d.h. zuerst die Errichtung eines globalen Handelssystems, um dann die Suche nach den günstigsten Vermeidungsmöglichkeiten den einzelnen Marktakteuren zu überlassen.

7.2 Emissionshandel und andere Instrumente der Umweltpolitik

Im vorigen Absatz wurden nur der Emissionshandel und die separate Förderung der EE betrachtet, was als etwas eingeschränkter Blick erscheinen mag. Doch sei zur Verdeutlichung der Unüberschaubarkeit verschiedenster umweltpolitischer Instrumente Hans Werner Sinn zitiert:

„Versuche der deutschen Politik zeigen ein verworrenes und inkonsistentes Muster, aus dem niemand schlau wird. Die Ökosteuersätze für die Tonne CO_2 reichen in Deutschland von 3,45 € bei der Steinkohle zum Heizen bis hin zu 273 € beim Benzin zum Autofahren, und zusätzlich gibt es noch viele Ausnahmen, Sonderbestimmungen, und viele Hunderte von Verordnungen, die das Bild nur noch obskurer machen. Ein hemmungsloser Wildwuchs an Paragraphen hat sich des Ökothemas bemächtigt." (SINN, 2009, 399). Zur Untermauerung zeigte er auf, welche Verzerrungen die bisherigen Regelungen umgerechnet auf den Preis des CO_2-Ausstoßes bewirken (s. Figur 7).

8. Systematisches Versagen des Emissionshandels

Bereits unter bei der Einbindung des Verkehrssektors haben sich Probleme des Emissionshandels offenbart. Die folgenden Überlegungen sollen zeigen, dass der Emissionshandel wegen seiner derzeitigen Ausgestaltung keinerlei Reduktion von Treibhausgasen bewirken kann. Empirische Nachweise zu dieser Aussage können noch nicht gefunden werden, da dieses Instrument schlichtweg zu jung ist. Stattdessen sollen Sinns theoretische Argumente hierzu angeführt werden.

Zentral ist die Annahme, dass das Angebot an fossiler Energie nicht elastisch auf Nachfrageänderungen reagieren muss, sondern auch unelastisch sein kann (vgl. SINN, 2009, 340). Falls also ein kleiner Teil der Welt erheblich weniger fossile Energie nachfragt, muss nicht zwangsläufig das weltweite Angebot zurückgehen, sondern kann auf gleichem Niveau verharren. Grund hierfür ist eine Erhöhung der Förderung durch die Eigentümer der fossilen Energieträger (v.a. Öl und Gas) auf ein Niveau, das den Markt wieder bei einem geringeren Preis ins Gleichgewicht bringt (vgl. SINN, 2009, 342). Die nötige Marktmacht erhalten diese Eigentümer durch die geographisch ungleichmäßige Verteilung von Erdöl und Erdgas. Jeweils ca. 70% der weltweiten konventionellen Öl- und Gasreserven liegen in der sog. „strategischen Ellipse […] vom Nahen Osten über den Kaspischen Raum bis nach Nordwest-Sibirien" (REMPEL, 2008, 23-25).

8.1 Emissionsreduktion innerhalb der EU

Figur 13: Verpuffung übermäßiger nationaler Emissionsreduktionen im Emissionshandel

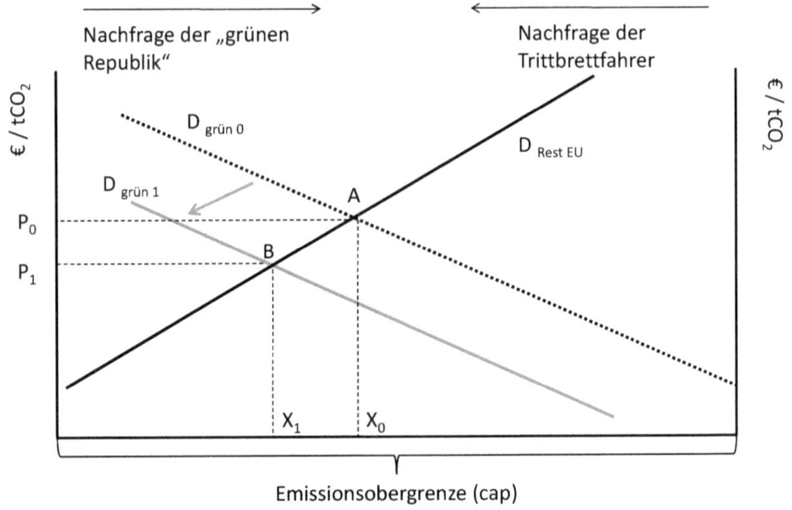

Quelle: Eigene Darstellung. In Anlehnung an SINN, 2009, 343

Die Ausgansüberlegung ist, dass ein anteiliger nationaler Anstieg der Energieproduktion aus Erneuerbaren Energien die Nachfrage nach Emissionszertifikaten in diesem Land senkt. Figur 13 veranschaulicht dies graphisch ($D_{grün\ 0}$ → $D_{grün\ 1}$). Es kann dann dazu kommen, dass genau die in einem Land (die „grüne Republik" SINN, 2009, 120) eingesparten Zertifikate (Menge zwischen x_0 und x_1) in den anderen Ländern innerhalb des Handelssystems verbraucht werden. Die Gesamtlänge der X-Achse in Figur 13 stellt die begrenzte Emissionsmenge dar. Die Nachfragekurven treffen sich nach der Senkung der Nachfrage im neuen Gleichgewicht B. In einem solchen Fall hat sich also an der Gesamtemission des Handelsraumes praktisch nichts geändert und Steuergelder der teuren übermäßigen Förderung der Erneuerbaren Energien sind ökologisch wirkungslos verpufft. Dies liegt daran, dass die nationale Förderung der EE keinen direkten, sondern höchstens einen indirekten und geringen Einfluss auf die Festlegung der jeweils nächsten Obergrenze an Emissionen durch die EU Kommission hat (vgl. SINN, 2009, 178). Die Wirkung des Instruments insgesamt ist jedoch innerhalb des Handelsraumes noch intakt, da das cap ja weiterhin gesenkt werden kann (in der Grafik würde die X-Achse kürzer werden).

Man erahnt allerdings bereits, dass der Emissionshandel wegen der derzeitigen geringen internationalen Beteiligung leicht versagen kann.

8.2 Versagen des global lückenhaften Emissionshandels

Um das Versagen eines nicht weltumspannenden Emissionshandels zu begreifen, muss das „grüne Paradoxon" (SINN, 2009, 405) erklärt werden. Darunter versteht der Autor, dass „die Klimadebatte […] dazu beigetragen [hat], den Ressourcenabbau und damit den Klimawandel zu beschleunigen." (SINN, 2009, 409). Wie lässt sich dies erklären? Die Klimaschutzpolitik der UN zielt auf eine Einschränkung der Nachfrage nach fossiler Energie. Eigentümer an Öl- und Gasvorkommen zielen auf bestmögliche Verzinsung ihrer Rohstoffe, wobei sie zwischen Verkauf und Sparen abwägen (vgl. SINN, 2009, 402f). Dauerhaft wirksame Umweltpolitik von Ländergruppen kann zwar auf den ersten Blick die Nachfrage verringern, doch der Zeitwert der Rohstoffe kann dadurch verändert werden und deren Eigentümer werden neu abwägen müssen - zwischen Verkauf oder Sparen. Figur 14 gibt hierzu einen Überblick.

Figur 14: Veränderungen des Zeitwerts durch nachfragereduzierende Maßnahmen

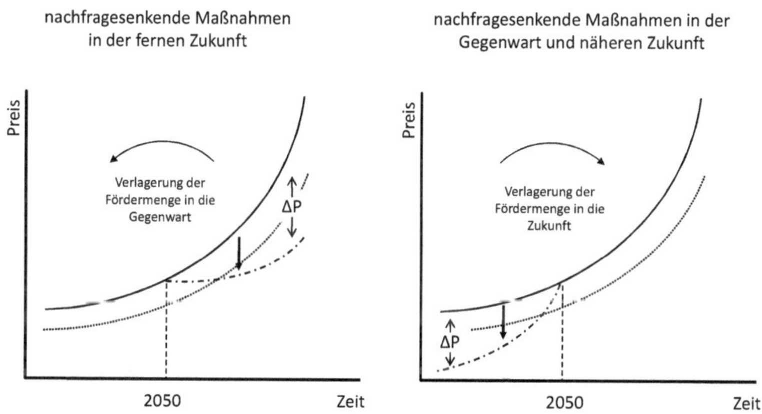

Quelle: Nach SINN, 2009, 406

Die linke Grafik zeigt die ökologisch negativen Auswirkungen der bisherigen Klimaschutzbemühungen. Schrittweise werden höhere Emissionsbeschränkungen anvisiert und mehr Länder nehmen Teil am Emissionshandel. Dadurch sinkt der künftige Wert von Öl- und Gasvorräten und deren Eigentümer haben einen Anreiz, sich für eine rasche Erhöhung der Fördermengen und deren Verkauf zu entscheiden, um die Renditen des

Kapitalmarkts zu nutzen. Salopp formuliert dies Sinn: „Wenn man die Nachfrage in der Zukunft herunterdrückt, sprudelt das Öl heute stärker […] und wenn man die Nachfrage heute drückt, sprudelt es in der Zukunft stärker heraus. Nur dann, wenn man die Nachfrage in allen Perioden gleichmäßig drückt, wird der Zeitpfad des Ölflusses nicht verändert." (SINN, 2009, 408). Dieses Problem ist ein starkes Argument für ein rasches Ausweiten des Emissionshandels auf einen Großteil der Welt und eine stärkere zeitnahe Senkung der Nachfrage, denn nur dann kann eine Verzögerung der Öl- und Gasförderung erreicht und gleichzeitig eine drastische Erderwärmung verhindert werden (vgl. SINN, 2009, 408). Dies stellt große Erwartungen an die Klimakonferenz in Kopenhagen Ende 2009.

Da die caps einiger Länder die Nachfrage nach zusätzlichem fossilen Angebot einschränken, werden die Länder ohne caps die freigesetzten Mengen zusätzlich nachfragen und ihre Emissionen steigern. In Figur 15 ist dies ähnlich wie in Figur 13 dargestellt, allerdings hat die Nachfragekurve der Länder mit cap (D_{cap}) nun einen Knick, bis eben genau zu der Menge der erlaubten Gesamtemissionen. Der Schnittpunkt von D_{cap} und D_{nocap} in Punkt B ergibt die weltweit nachgefragte Menge an CO_2 mit regionalem Emissionshandel. Die Menge zwischen x_0 und x_1 wird also lediglich umverteilt – die Emissionen bleiben die gleichen. Des Einen Diät ist des Anderen Völlerei.

Figur 15: Versagen des lückenhaften Emissionshandels

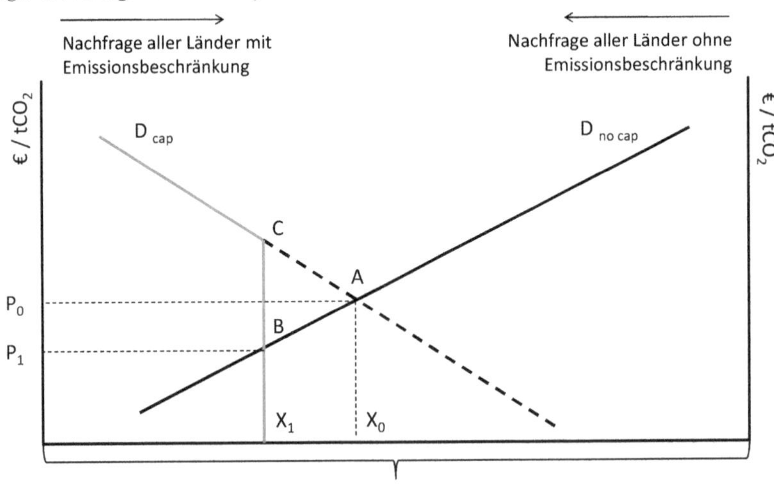

Quelle: Eigene Darstellung. Nach SINN, 2009, 413

9. Bewertung und Weiterentwicklung des Emissionshandels

Die ökologische Wirksamkeit wurde dem Emissionshandel zumindest theoretisch und in der jetzigen, lückenhaften Form v.a. unter den Punkten 4&8 abgesprochen. Den Teilnehmerländern am Emissionshandel fehlt es noch an Marktmacht, um die Reaktionen der Angebotsseite auf den eigenen Nachfragerückgang einzuschränken. Alle Nicht-Teilnehmer verursachen derzeit ca. 70% der weltweiten CO_2-Emissionen (vgl. SINN, 2009, 418).

Ein Instrument, das seine ökologischen Ziele nicht erreicht, kann theoretisch noch so *ökonomisch effizient* sein – ohne Zielerreichung bleibt die derzeitige Kombination aus Förderung der EE und Emissionshandel eine Kapitalverschwendung, die noch dazu den Kohlenstoffverbrauch außerhalb des Handelssystems subventioniert (s. Fig. 15).

Die *politische Durchsetzbarkeit* eines global umspannenden Emissionshandelssystems bleibt abzuwarten. Der Kyoto-Nachfolgekonferenz in Kopenhagen im Dezember 2009 wird besondere Beachtung zu schenken sein.

Die oben aufgezeigten Mängel der derzeitigen Ausgestaltung des Emissionshandels weisen den Weg, der für einen ökologisch wirksamen Emissionshandel bestritten werden muss:

- Bildung eines „lückenlosen **Nachfragekartells**" (SINN, 2009, 417)…
- …in einem **hohen Tempo**, um das grüne Paradoxon zu verhindern…
- …indem **keine weiteren regionalen Alleingänge** beim Klimaschutz beschritten werden.

Der erste Aspekt leuchtet leicht ein, denn wenn sich nahezu alle Verbraucherländer zusammenschließen, können sie Gewinne von den Produzenten abziehen und die Weltmarktpreise nahe an die Produktionspreise drücken und gleichzeitig verhindern, dass einzelne Länder, die sich nicht am Kartell beteiligen, die durch die Reduktionen freigewordenen Mengen aufsaugen.

Der zweite Aspekt ist die Lösung des Problems der Verlagerung der Fördermengen in die Gegenwart, statt ferne Zukunft, wie in Fig. 14 zu sehen.

Der letzte Aspekt folgt aus Erkenntnissen der Spieltheorie (SINN, 2009, 425f). Solange Trittbrettverhalten möglich ist, werden positive externe Effekte ausgenutzt. Solches

Verhalten wird dadurch erst ermöglicht, dass einzelne Staaten sich das Image der „grünen Republik" verschaffen möchten, also mehr tun als nötig und v.a. zu höheren Kosten.

Das Potsdam Institut für Klimafolgenforschung hat verschiedene Szenarien der Verbreitung des Emissionshandels in einer Studie für das Auswärtige Amt verglichen. Die beiden vielversprechendsten Szenarien sind zum einen ein top-down und zum anderen ein bottom-up Szenario (s. Fig. 16). Nur der erste Ansatz scheint für den oben aufgeführten Lösungsweg geeignet, denn der zweite Ansatz verhindert eine „Kontrolle" der globalen Emissionsmengen (vgl. FLACHSLAND et al., 2008, 7-9). Von den Autoren wird das bottom-up als zweitbeste Lösung gepriesen, doch muss diese Einschätzung wegen Sinns Argumenten des „grünen Paradoxons" nicht geteilt werden. Im Gegenteil würde eine solche Strategie die Verhandlungsposition der bereits reduzierenden Länder schwächen, Trittbrettverhalten ermöglichen und den Abbau fossiler Brennstoffe ungünstig in die Gegenwart verlagern (s. Fig. 14). Auch gefährdet die Ausklammerung der Schwellenländer in beiden Szenarien die ökologische Wirksamkeit des Emissionshandels

Figur 16: Ansätze zum Ausbau des Emissionshandels. A) Top-down und B) Bottom-up

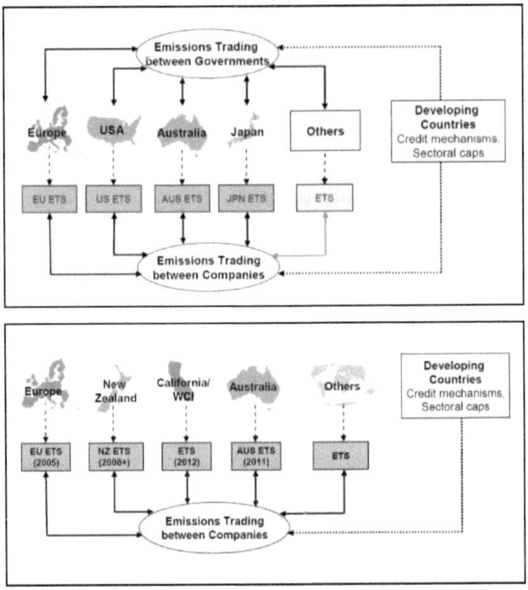

A)

B)

Quelle: FLACHSLAND et al., 2008, 8f

10. Literaturverzeichnis

ABBOUD, LEILA (2009): EU greenhouse-gas emissions drop 6%. Industrial slowdown reduces carbon output, but eases pressure on big polluters to change their behavior. In: WSJ - The Wall Street Journal Europe, Jg. 27, Ausgabe 44, 02.04.2009, S. 10.

ANGER, NIELS; ET AL. (2008): Public Interest vs. Interest Groups: Allowance Allocation in the EU Emissions Trading Scheme. Zentrum für Europäische Wirtschaftsforschung. (Discussion Papers, 08-023). Online verfügbar unter ftp://ftp.zew.de/pub/zew-docs/dp/dp08023.pdf, zuletzt geprüft am 15.09.2009.

BAUCHMÜLLER, MICHAEL; GAMMELIN, CERSTIN (2009): Europa kneift beim Klimaschutz. Mitgliedstaaten streiten darüber, wieviel Geld ihnen eine saubere Umwelt wert ist. In: Süddeutsche Zeitung, 06.06.2009, S. 7.

BENZ, EVA; ET AL. (2008): Auctioning of CO2 Emission Allowances in Phase 3 of the EU Emissions Trading Scheme. Zentrum für Europäische Wirtschaftsforschung. (Discussion Papers, 08-081). Online verfügbar unter ftp://ftp.zew.de/pub/zew-docs/dp/dp08081.pdf, zuletzt geprüft am 15.09.2009.

BIGALKE, SILKE (2009): Industrie warnt vor "gnadenlosem Abkassieren". DIHK-Geschäftsführer fordert, alle Branchen von der kostenpflichtigen Versteigerung der Emissionsrechte ab 2013 zu befreien. In: Süddeutsche Zeitung, 09.07.2009, S. 19.

BOFINGER, PETER (2008): Grundzüge der Volkswirtschaftslehre. Eine Einführung in die Wissenschaft von Märkten. 2., aktualisierte Aufl. München: Pearson Studium.

BÜHLER, GEORG; ET AL. (2009): Wettbewerb und Umweltregulierung im Verkehr. Eine Analyse zur unterschiedlichen Einbindung der Verkehrsarten in den Emissionshandel. Zentrum für Europäische Wirtschaftsforschung. Online verfügbar unter http://www.zew.de/de/publikationen/publikation.php3?action=detail&nr=5435, zuletzt geprüft am 21.09.2009.

DEUTSCHE EMISSIONSHANDELSSTELLE (DEHSt) (Hg.) (2008b): Emissionshandel: Die Zuteilung von Emissionsberechtigungen in der Handelsperiode 2008-2012. Online verfügbar unter http://www.dehst.de/cln_171/nn_476194/DE/Service/Publikationen/Publikationen__node.html?__nnn=true, zuletzt geprüft am 15.08.2009.

DEUTSCHE EMISSIONSHANDELSSTELLE (DEHSt) (Hg.) (2008a): Erste Egebnisse des Zuteilungsverfahrens 2012. Budgetaufteilung, Anspruchsgrundlagen und Kürzungen. Online verfügbar unter http://www.dehst.de/cln_171/nn_476210/DE/Service/Publikationen/Publikationen__node.html?__nnn=true, zuletzt geprüft am 20.09.2009.

DEUTSCHE EMISSIONSHANDELSSTELLE (DEHSt) (Hg.) (2008c): Clean Development Mechanism (CDM) - Wirksamer internationaler Klimaschutz oder globale Mogelpackung? Online verfügbar unter http://www.dehst.de/cln_171/nn_476194/DE/Service/Publikationen/Publikationen__node.html?__nnn=true, zuletzt geprüft am 15.09.2009.

DEUTSCHE EMISSIONSHANDELSSTELLE (DEHSt) (Hg.) (2004): Emissionshandel in Deutschland: Verteilung der Emissionsberechtigungen für die erste Handelsperiode 2005-2007. Online verfügbar unter http://www.dehst.de/cln_162/nn_476194/DE/Service/Publikationen/Publikationen__node.html?__nnn=true, zuletzt geprüft am 20.09.2009.

DEUTSCHE EMISSIONSHANDELSSTELLE (DEHSt) (Hg.) (2009): Kohlendioxidemissionen der emissionshandelspflichtigen Anlagen im Jahr 2008. Online verfügbar unter http://www.dehst.de/cln_171/nn_477440/DE/Service/Publikationen/Publikationen__node.html?__nnn=true.

ENDRES, ALFRED (2007): Umweltökonomie. Lehrbuch. 3. Aufl. Stuttgart: Kohlhammer.

EUROPÄISCHE KOMMISSION (Hg.) (2005): Die EU im Einsatz gegen den Klimawandel. Der EU-Emissionshandel - ein offenes System, das weltweit Innovationen fördert. Online verfügbar unter ec.europa.eu/environment/climat/pdf/emission_trading3_de.pdf, zuletzt geprüft am 15.09.2009.

EUROPÄISCHE KOMMISSION (Hg.) (2008): EU energy and transport in figures. Statistical Pocketbook 2007/2008.

FLACHSLAND, CHRISTIAN; EDENHOFER, OTTMAR; JAKOB, MICHAEL; STECKEL, JAN (2008): Developing the International Carbon Market. Linking Options for the EU ETS. Report to the Policy Planning Staff in the Federal Foreign Office. Online verfügbar unter http://www.pik-potsdam.de/members/edenh/publications, zuletzt geprüft am 01.10.2009.

GAMMELIN, CERSTIN; WÄLTERLIN, URS (2009): Eine Frage der Prioritäten. Australien verschiebt die Einführung des Emissionshandels, um die Wirtschaft in der Krise nicht weiter zu belasten. In: Süddeutsche Zeitung, 05.05.2009, S. 8.

IPCC (2007): Climate Change 2007: Synthesis Report. Contribution of Working Groups I, II and III to the Fourth Assessment Report of the Intergovernmental Panel on Climate Change [Core Writing Team, Pachauri, R.K and Reisinger, A. (eds.)]. IPCC, Geneva, Switzerland, 104 pp.

KEMFERT, CLAUDIA; DIEKMANN, JOCHEN (2009): Förderung erneuerbarer Energien und Emissionshandel - wir brauchen beides. In: Wochenbericht des DIW, H. 11, S. 169–174.
Kemfert, Claudia; et al. (2005): The Environmental and Economic Effects of European Emissions Trading. DIW. (Discussion Papers, 533).

KFW/ZEW (Hg.) (2009): On the way to Copenhagen. (CO2 Indicator, 1). Online verfügbar unter http://www.zew.de/en/publikationen/CO2panel.php, zuletzt geprüft am 15.09.2009.

KLÜVER, REYMER (2009): US-Abgeordnete für Klimaschutz. Obama gewinnt Abstimmung über Gesetzentwurf nur knapp. In: Süddeutsche Zeitung, 29.06.2009, S. 7.

MAIER, URS (2005): Emissionshandel als Instrument gegen den Klimawandel. In: Geographische Rundschau, H. 12, S. 57–63.

REMPEL, HILMAR (2008): Globale Verfügbarkeit nicht-erneuerbarer Energierohstoffe. In: Geographische Rundschau, Jg. 60, H. 1, S. 22–31.

RENTZ, HENNING (2007): Emissionshandel und Anreizmechanismen. Auswirkungen verschiedener Allokationsverfahren auf Produktionsweise und Investitionsverhalten von Unternehmen. In: Vierteljahrshefte zur Wirtschaftsforschung (DIW), H. 1, S. 140–151.

SCHNEIDER, LAMBERT; MOHR, LENNART (2009): A rating of Designated Operational Entities (DOEs) Accredited under the Clean Development Mechanism (CDM). Scope, methology and results. Online verfügbar unter http://www.oeko.de/publikationen/dok/883.php?id=&dokid=902&anzeige=det&ITitel1=A%20rating%20of %20Designated%20Operational%20Entities%20(DOEs)%20Accredite&IAutor1=&ISchlagw1=&sortieren= &dokid=902&PHPSESSID=6p01buii9n863jv9qfetq8l5d0, zuletzt geprüft am 15.09.2009.

SCHRATTENHOLZER, LEO; TOTSCHNIG, GERHARD (2005): An Analysis of Alternative Emission Trading Strategies of Parties to the Kyoto Protocol. In: Vierteljahrshefte zur Wirtschaftsforschung, H. 2, S. 217–234. Online verfügbar unter http://ideas.repec.org/a/diw/diwvjh/74-2-9.html, zuletzt geprüft am 21.09.2009.

SINN, HANS-WERNER (2009): Das grüne Paradoxon. Plädoyer für eine illusionsfreie Klimapolitik. 2. Aufl. Berlin: Econ-Verl.

UN (2009): Climate Change Conference. Online verfügbar unter http://en.cop15.dk/.

UNFCCC - UNITED NATIONS FRAMEWORK CONVENTION ON CLIMATE CHANGE (Hg.) (2009): CDM homepage. Online verfügbar unter http://cdm.unfccc.int, zuletzt geprüft am 15.09.2009.

WIESMETH, HANS (2003): Umweltökonomie. Theorie und Praxis im Gleichgewicht; Berlin: Springer.